Estrella del Sur 150, Col. Rancho Tetela,
62160 Cuernavaca, Morelos, MÉXICO
juantonda54@gmail.com
Tel. (52) 5554006326

Agradecemos la revisión científica del ingeniero Carlos Espinosa González del Servicio Meteorológico Nacional.

ISBN 978-968-6849-19-6
Primera edición, 2000
1ra. reimpresión, 2010
2da. reimpresión, 2021
Revisión científica: ingeniero Carlos Espinosa González

Diseño gráfico: Carlos Gayou

Impreso en México / *Printed in Mexico*

LOS HURACANES

texto de
ERNESTO MÁRQUEZ NEREY

ilustraciones de
FELIPE UGALDE

A las niñas y los niños afectados por los huracanes

¡Hola! ¿Recuerdas a Stan, Wilma y Katrina? Los tres tienen algo en común: son los nombres de tres famosos huracanes. Creemos que no debes esperar más para saber cómo son y lo que ocurre cuando uno de ellos se produce.

Durante años, los huracanes han devastado ciudades y poblados con vientos enfurecidos y los han inundado con lluvias abundantes. Asimismo, han causado la muerte a miles de personas, destruido comunidades enteras, causando inundaciones y deslaves, arruinado sembradíos, hundido barcos y todo esto porque son fenómenos severos de la naturaleza. Si quieres saber más acerca de ellos síguenos.

¿QUÉ ES UN HURACÁN?

Un huracán es un viento muy fuerte que se origina en el mar, gira en forma de remolino, acarrea humedad en enormes cantidades y, al tocar áreas pobladas, generalmente causa daños importantes o incluso desastres. A este fenómeno también se le conoce con los nombres de ciclón en la India, baguío en las Filipinas, tifón en el Japón y *willy -willy* en Australia. En México, Centroamérica y el Caribe se le denomina huracán debido a que ese era el nombre del dios mayor del viento entre los mayas.

Debido a la fuerza destructiva de los huracanes, los meteorólogos vigilan constantemente los sitios donde se forman. Estos científicos usan información de aviones y satélites para ayudar a predecir la ruta que los huracanes podrían tomar. Se sabe que los huracanes viajan hacia adelante a una velocidad aproximada de 10 y 25 kilómetros por hora (km/h). En ocasiones presentan desplazamientos erráticos y a veces se estacionan en un lugar o se aceleran muy rápidamente, a pesar de ello, sí se puede advertir a la población cuánto tiempo tiene antes de que el huracán llegue a tierra. Tales predicciones, aunque no siempre son exactas, ya que un huracán puede cambiar de giro o perder su fuerza, permiten tomar las precauciones necesarias para proteger vidas y propiedades.

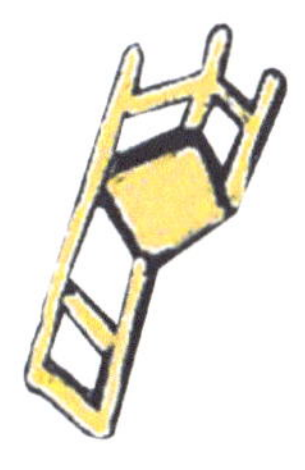

PAULINA

LOS HURACANES TIENEN NOMBRE

En efecto, los huracanes se llaman como nosotros. Para su identificación, localización y seguimiento se les asigna un nombre por orden alfabético, según su aparición anual, de acuerdo con una lista que elabora cada año el Comité de Huracanes de la Organización Meteorológica Mundial. Por ello, es posible que podamos encontrar un huracán con nuestro nombre. ¿Cómo te llamas? Gabriela, Hugo, Karen, Luis, Andrés, Sebastián. Seguro que ya existió un huracán famoso llamado como tú.

La idea de nombrar a los huracanes se inició en 1953. Al principio, los meteorólogos sólo utilizaban nombres de mujer, pero desde 1979, también usan de hombre. En 2005, la temporada de huracanes fue catalogada como la más intensa y, por primera vez, los científicos tuvieron que usar letras del alfabeto griego para nombrarlos, ya que se contaron 26 tormentas, siendo la última nombrada como Epsilón.

Para 2006, los meteorólogos escogieron los siguientes nombres para las tormentas tropicales y huracanes del Atlántico Norte, Mar Caribe y Golfo de México: Alberto, Chris, Ernesto, Helene, Issac, Nadine, Oscar, Patty, Rafael, Sandy, Tony, Valerie, William, etcétera, y para los del Pacífico Nororiental: Carlotta, Daniel, Emilia, Fabio, Héctor, John, Miriam, Olivia, Paul, Sergio, Rosa y Vicente, entre otros.

¿CUÁLES SON LAS ETAPAS DE UN HURACÁN?

Un huracán se desarrolla en tres etapas, según la velocidad de sus vientos, y cada una recibe una denominación distinta. Es importante aclarar que en muchas ocasiones sólo ocurre la primera o la segunda etapa, y muchos fenómenos que parecía que llegarían a convertirse propiamente en huracanes, no lo hacen.

Al principio se trata de una *depresión tropical*, si sus vientos máximos constantes alcanzan una velocidad menor o igual a 63 kilómetros por hora.

Posteriormente se convierte en *tormenta tropical*, cuando la velocidad de sus vientos está entre 63 y 118 km/h; en esta etapa se le asigna un nombre.

La tercera etapa se da cuando la velocidad del viento llega a los 119 km/h o más, y es hasta entonces cuando se le reconoce como *huracán*. En los huracanes más intensos, como el Wilma, los vientos máximos pueden alcanzar una velocidad de giro o rotación cercana a los 330 km/h, lo que ocasiona una espiral que puede ser de 600 km de ancho.

ESTRUCTURA DE UN HURACÁN
CAPA DE SALIDA
6,000 m
CAPA DE ASCENSO
OJO
3,000 m
CAPA DE ENTRADA

ESTRUCTURA DE UN HURACÁN

Un huracán está formado por cuatro elementos principales: *ojo, capa de entrada, capa de ascenso y capa de salida.*

OJO

Éste se localiza en el centro del huracán; es una zona de vientos débiles con pocas nubes y lluvia. Su diámetro va de 25 a 30 kilómetros y alrededor de él se encuentra un área de nubes verticales que constituyen la pared del ojo y ahí se localizan los vientos y la lluvia más fuertes.

Entre la superficie y la parte más alta del huracán se forman bandas de viento en tres capas.

CAPA DE ENTRADA

Ésta se extiende hasta una altura de 3,000 metros; en ella, las corrientes de aire se dirigen con gran fuerza hacia el centro del huracán y son las más intensas. Los vientos más fuertes soplan a la derecha en relación con la dirección de su desplazamiento.

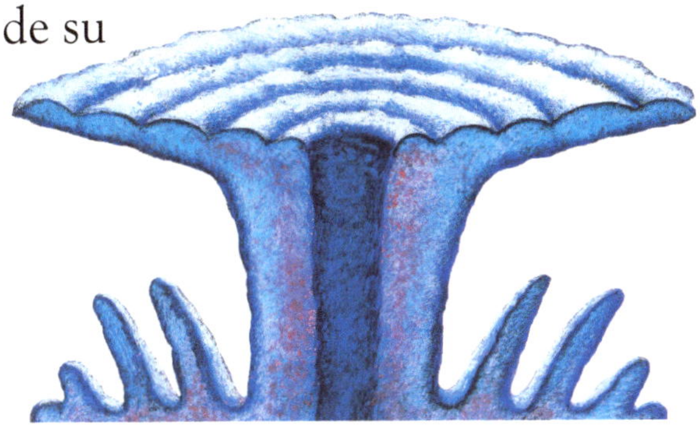

CAPA DE SALIDA
DIRECCIÓN DE
LOS VIENTOS

CAPA DE ASCENSO

Se encuentra entre los 3,000 y 6,000 metros de altura. En esta capa el aire sube hacia la región donde está la nubosidad y las bandas de lluvia.

CAPA DE SALIDA

Ubicada de los 6,000 metros hacia arriba, en ella las corrientes de aire salen del centro hacia afuera, hasta alcanzar los 12,000 metros (o la altura del techo del huracán). La fuerza del viento es de menos de la mitad de la que se presenta en la superficie.

¿CUÁNDO NACE UN HURACÁN?

La temporada de huracanes empieza cuando la zona inestable de la atmósfera cercana al ecuador se mueve en dirección de los polos, y lleva consigo aire a altas temperaturas que calienta el aire y el agua de mar. Esto propicia diferencias de temperatura y de presión del aire que ocasionan el giro de los vientos en espiral. Este hecho ocurre normalmente en latitudes tropicales, entre los meses de mayo y noviembre.

Las regiones donde se ubica el nacimiento de los huracanes no son estables, ya que esto obedece a la posición de los sitios de máximo calentamiento marítimo, los que a su vez están influidos por las corrientes frías o cálidas que fluyen en los océanos.

Los huracanes sólo se desplazan en el hemisferio norte debido a la existencia de una masa de agua muy caliente y vientos en calma. Estas dos condiciones no se dan, por ejemplo, en el hemisferio sur donde la temperatura media del agua es muy inferior a las regiones azotadas por los huracanes y el régimen de vientos es generalmente más intenso a lo largo del año. Pese a ello, en algunas ocasiones han sido reportados huracanes en el Atlántico Sur, cerca de las costas de Brasil.

Para tener una idea aproximada del tamaño y la fuerza que puede alcanzar un huracán recordemos que los más grandes llegan a tener un diámetro que oscila entre los 300 y 800 kilómetros y su altura puede llegar a los 15 kilómetros. Se ha

calculado que su fuerza es equivalente a diez mil bombas atómicas como la que estalló en Hiroshima, Japón, poco antes de concluir la segunda Guerra Mundial.

CÓMO SE PREDICE UN HURACÁN

Aunque en términos generales se conocen las rutas tradicionales de los huracanes, sus trayectorias presentan variaciones y, por tanto, a pesar de los avances en su predicción, en la mayoría de los casos sólo se puede avisar a la población con aproximadamente 24 horas de anticipación respecto al momento de llegada a un determinado sitio.

LA FUERZA DESTRUCTIVA DEL HURACÁN

La capacidad destructiva de un huracán se debe, principalmente a cuatro aspectos: los vientos, el oleaje, la marea de tormenta y las lluvias.

VIENTOS

Los vientos de un huracán son muy fuertes y pueden durar muchas horas o días. Los vientos huracanados ocasionan muchos daños, debido a que su fuerza crece según aumenta su velocidad.

OLEAJE

El oleaje se genera cuando la energía del viento pasa al mar y produce intensas agitaciones.

MAREA DE TORMENTA

Ésta se origina por el oleaje que produce un huracán y los vientos fuertes dirigidos hacia la costa; esto provoca que crezca el nivel medio del mar, lo cual puede afectar a las edificaciones y poblados cercanos a la costa.

LLUVIAS

Los huracanes casi siempre se desplazan acompañados de lluvias intensas. La cantidad de lluvia precipitada durante el paso de un huracán puede llegar a 250 mm, en un periodo de 12 horas. En cualquier caso existe un alto riesto de inundación pluvial y si en el recorrido de un huracán hay montañas cerca de la costa, la lluvia puede desplazarse como río abajo, arrastrando todo lo que se encuentra en su camino.

MAPA DE HURACANES
ZONA 1
SEPTIEMBRE Y OCTUBRE
JUNIO
AGOSTO Y SEPTIEMBRE
JULIO
MAYO
ZONA 2

ZONAS Y REGIONES DE HURACANES

En nuestro planeta existen ocho zonas que son cunas de huracanes y cada una puede tener varias regiones de confluencia. La zona 1, que abarca el Atlántico Norte, es la cuna de los huracanes del Caribe que llegan a la costa del Golfo de México. La zona 2, que comprende el océano Pacífico Nororiente, afecta la costa del Pacífico mexicano. Las demás zonas se distribuyen en el resto del mundo.

Los huracanes que tocan territorio mexicano nacen en alguna de las cuatro regiones siguientes. La primera se ubica en el Golfo de Tehuantepec, al sur de las costas de Oaxaca y Chiapas y se activa generalmente durante la última semana de mayo; a veces los huracanes llegan a penetrar en tierra y afectan las costas de Oaxaca, Guerrero, Michoacán, Colima y Jalisco. En septiembre y octubre recorren el Pacífico, tocando a Baja California Sur, Sinaloa, Sonora y Nayarit. La segunda región se localiza en la porción sur del Golfo de México, en la denominada Sonda de Campeche, y sus huracanes aparecen a partir de junio, con ruta norte y noroeste, y tocan Veracruz y Tamaulipas. La tercera se encuentra en la región oriente del mar Caribe y sus huracanes aparecen a partir de julio. Estos huracanes cruzan la Península de Yucatán y el Golfo de México, en donde en ocasiones golpean las costas de Veracruz y Tamaulipas, así como la costa sur de los EE.UU. La cuarta se localiza en la región tropical del Atlántico y se activa principalmente en agosto y septiembre. Estos huracanes son de mayor potencia y recorrido, y penetran en Yucatán, Tamaulipas y Veracruz.

LOS HURACANES MÁS INTENSOS DEL ATLÁNTICO NORTE, MAR CARIBE Y GOLFO DE MÉXICO DE 1977 A 2021

Nombre	Periodo	Categoría
Anita	9 de agosto al 3 de septiembre de 1977	H5
Gilberto	8 al 20 de septiembre de 1988	H5
Opal	20 de septiembre al 5 de octubre de 1995	H4
Eduard	21 de agosto al 2 de septiembre de1996	H4
Mitch	21 de octubre al 5 de noviembre de 1998	H5
Georges	15 al 29 de septiembre de 1998	H5
Cindy	18 al 31 de agosto de 1999	H4
Erin	1 al 14 de septiembre de 2001	H3
Emily	11 al 21 julio de 2005	H5
Wilma	15 al 27 de octubre de 2005	H4
Dean	21 al 22 de agosto de 2007	H5
Celia	18 al 30 de junio de 2010	H3
Ingrid	12 al 17 de septiembre de 2013	H5
Grace	13 al 21 de agosto de 2021	H3

Los huracanes se clasifican por la velocidad de los vientos y su potencial de daños en una escala de uno a cinco. Herbert Saffir, un ingeniero consultor estadounidense especializado en daños del viento a construcciones, y Robert Simpson, meteorólogo de la misma nacionalidad, inventaron la escala en los años setenta.

LOS HURACANES MÁS INTENSOS DEL OCÉANO PACÍFICO NORORIENTAL DE 1989 A 2021

Nombre	Periodo	Categoría
Raymond	25 de septiembre al 5 de octubre de 1989	H4
Lidia	22 de junio al 4 de julio de 1992	H4
Douglas	28 de julio al 6 de agosto de 1996	H4
Paulina	5 al 10 de octubre de 1997	H4
Douglas	5 al 10 de octubre de 1997	H4
Paulina	22 al 30 de junio de 1998	H4
Juliette	21 de septiembre al 2 de octubre de 2001	H4
Élida	21 al 26 de julio de 2002	H5
Hernán	30 de agosto al 6 de septiembre de 2002	H5
Kenna	22 al 26 de octubre de 2002	H5
Odile	10 al 19 de septiembre de 2014	H4
Manuel	13 al 20 de septiembre de 2014	H5
Patricia	22 al 23 de octubre de 2015	H4
Rick	23 al 26 de octubre de 2021	H2
Olaf	9 al 13 de septiembre de 2021	H2

Escala Saffir-Simpson

H1 = Huracán con vientos máximos de 118 a 153 km/h
H2 = Huracán con vientos máximos de 154 a 177 km/h
H3 = Huracán con vientos máximos de 178 a 209 km/h
H4 = Huracán con vientos máximos de 210 a 249 km/h
H5 = Huracán con vientos mayores a 250 km/h

UNIDAD DE
PROTECCION CIVIL

QUÉ PRECAUCIONES DEBES TOMAR

En México, para apoyar a las regiones de alto riesgo en cuanto a fenómenos naturales, se creó el Centro Nacional de Prevención de Desastres y el Sistema Nacional de Protección Civil, con el propósito de disminuir las catástrofes que ocasionan dichos fenómenos. Si tú vives en una zona de huracanes, prepárate con anticipación. Las siguientes recomendaciones te ayudarán a proteger tu vida, la de tus familiares y amigos, y a preservar el lugar donde vives.

¿QUÉ HACER?

Antes

Acude a la unidad de Protección Civil o a las autoridades locales para saber:

- Si la zona en la que vives está sujeta a este riesgo.
- Qué lugares servirán de albergues.
- Por qué medios recibirás los mensajes de emergencia.
- Quiénes pueden integrarse a las brigadas de auxilio, si quieren ayudar.
- Qué acciones de respuesta son convenientes.
- Cuál es el proceso de recuperación en caso de desastre.
- Tú debes informarles cuántas personas viven en tu casa y si hay enfermos que no puedan ver, moverse o caminar.

DOCUMENTOS
ALBERGUE

Platica con tus familiares y amigos para organizar un plan de protección civil, tomando en cuenta las siguientes medidas:

- Si tu casa es frágil (carrizo, palapa, adobe, paja o de materiales semejantes), debes tener previsto un albergue (escuela, iglesia, palacio o agencia municipal).
- Que un adulto se encargue de reparar lo necesario en techos, ventanas y paredes para evitar daños mayores.
- Protege a los animales y coloca los útiles de trabajo en un lugar seguro.
- Pídele a un adulto que determine qué transporte se puede utilizar en caso de tener que movilizar familiares enfermos o personas de edad avanzada.

Qué artículos debes tener a la mano para casos de emergencia:

- Botiquín e instructivo de primeros auxilios (se debe solicitar orientación en el centro de salud más cercano).
- Radio y linterna de baterías con los repuestos necesarios.
- Agua hervida en envases con tapa.
- Alimentos enlatados (atún, sardinas, frijoles, leche) y otros que no requieran refrigeración.
- Flotadores (como cámaras de llanta o salvavidas).
- Documentos importantes (actas de nacimiento y matrimonio, cartillas, papeles agrarios, etcétera) debidamente guardados en bolsas de plástico y dentro de una mochila o morral.

Ante el aviso de un huracán y de acuerdo con su peligrosidad, puedes quedarte en tu casa si es segura o trasladarte al albergue más cercano. Pero si las autoridades recomiendan evacuar la zona donde vives, hazlo inmediatamente, asegura tu casa y lleva contigo los artículos indispensables.

¿Qué hacer si te quedas en casa?

- Ten a la mano los artículos de emergencia.
- Mantén el radio de pilas encendido para recibir información e instrucciones de las autoridades.
- Cierra puertas y ventanas; pídele a un adulto que proteja internamente los cristales con cinta adhesiva colocada en forma de X y corre las cortinas, ya que te protegerán de cualquier astillamiento de los cristales.
- Guarda todos los objetos sueltos (macetas, botes de basura, herramientas, etcétera) que pueda alcanzar el viento. Que un adulto retire antenas de televisión, rótulos u otros objetos colgantes.
- Solicita a un adulto que fije y amarre bien lo que el viento pueda lanzar.
- Con la ayuda de un adulto lleva a un lugar seguro a los animales y los útiles de trabajo.
- Ten a la mano ropa abrigadora o impermeable.
- Pídele a un adulto que limpie la azotea, desagües, canales y coladeras, y que barra la calle limpiando bien estas últimas.

ARTÍCULOS
DE
EMERGENCIA

- Solicita a un adulto que selle con mezcla la tapa del pozo de agua o aljibe para tener reserva de agua no contaminada.
- Pídele a un adulto que tenga el transporte disponible con gasolina y con una batería en buen estado.

Durante

- Conserva la calma. Una persona alterada puede cometer muchos errores.
- Escucha el radio para obtener información o esperar instrucciones.
- Desconecta todos los aparatos y el interruptor de energía eléctrica.

- Cierra las llaves del agua y gas.
- Permanece alejado de puertas y ventanas.
- No prendas velas ni veladoras; sólo se deben usar lámparas de pilas.
- Si estás en condiciones de hacerlo, atiende a otros niños, ancianos y enfermos que estén a tu lado.

- No avances hacia puertas o ventanas de frente, por si el viento las abre de manera inesperada.
- Vigila constantemente el nivel de agua cercana a tu casa.
- No salgas hasta que las autoridades informen que pasó el peligro. El ojo del huracán crea una calma que puede durar hasta una hora y después vuelve la fuerza destructora con vientos en sentido contrario.

Después

- Conserva la calma.
- Sigue las instrucciones que te proporcionen en el radio u otro medio.
- Reporta de inmediato los heridos a los servicios de emergencia.
- Revisa cuidadosamente la casa para cerciorarte de que no hay peligro.
- No comas nada crudo, ni de procedencia dudosa.
- Bebe agua en buen estado.
- Mantén desconectados el gas, la luz y el agua hasta asegurarte que no hay fugas, ni peligro de corto circuito.
- Cerciórate de que los aparatos eléctricos estén secos antes de conectarlos.
- Si tienes que salir, mantente alejado de áreas de desastre.
- Evita tocar o pisar cables eléctricos.
- Aléjate de casas, árboles y postes en peligro de caer.

PUNTO FINAL

Ahora que ya sabes más sobre huracanes, puedes tener mayor seguridad para enfrentar los embates de este fenómeno natural. Seguramente habrás escuchado con anterioridad la expresión “vientos huracanados”. Ahora puedes contarle a tus amigos qué significa.

www.ingramcontent.com/pod-product-compliance
Lightning Source LLC
Chambersburg PA
CBHW042108110726
48006CB00002B/570

9789686849196